少年博物

SCIENCE
大科技

孩子喜欢读的前沿科学

项华◎主编

U0380823

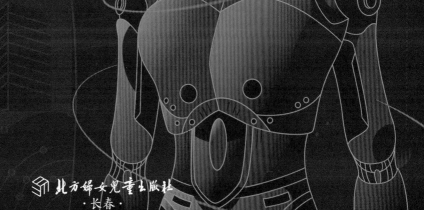

北方妇女儿童出版社
·长春·

版权所有　侵权必究

图书在版编目（CIP）数据

大科技：孩子喜欢读的前沿科学 / 项华主编 .
长春：北方妇女儿童出版社，2024.9.--（少年博物 /
项华）. -- ISBN 978-7-5585-8671-2

Ⅰ . N49

中国国家版本馆 CIP 数据核字第 2024LD8448 号

大科技：孩子喜欢读的前沿科学

DA KEJI：HAIZI XIHUAN DU DE QIANYAN KEXUE

出 版 人	师晓晖
策 划 人	师晓晖
责任编辑	邱　岚　魏士昌
整体制作	北京日知图书有限公司
开　　本	720mm×787mm　1/12
印　　张	4
字　　数	100千字
版　　次	2024年9月第1版
印　　次	2024年9月第1次印刷
印　　刷	天津市光明印务有限公司
出　　版	北方妇女儿童出版社
发　　行	北方妇女儿童出版社
地　　址	长春市福祉大路5788号
电　　话	总编办：0431-81629600
	发行科：0431-81629633
定　　价	50.00元

巍巍华夏，泱泱中华，自古以来就是一个科技创新的大国。从四大发明的传播，再到近代的铁路、电报、电话的兴起，中国科技在人类文明的进程中始终扮演着举足轻重的角色。

时代发展日新月异，中国正在这样的时代浪潮中奋勇向前。中国从"站起来"到"富起来"再到"强起来"，经历了一段披荆斩棘的风雨之路。而科技力量的崛起，让我们可以更好地向世界展现中国风采，讲述更真实、立体、全面的中国故事。

科技的振兴，让中国真正实现了"可上九天揽月，可下五洋捉鳖"的奇迹，你看"神舟"飞天、"北斗"组网、"天问"探火、"嫦娥"奔月，你看"天眼"巡空、"蛟龙"深潜、"超算"发威、"墨子"传信……从深空到深海，从微观世界到宏观世界，一个又一个中国奇迹令世界瞩目。这样一条科技事业的发展之路，印证了"科技兴则民族兴、科技强则国家强"的真理。

如今，我们站在新时代的起点回望过去，中国的科技成就已如繁星般闪耀在世界的天空。这本书，就是一把钥匙，为孩子们打开一扇通往科技世界的大门。在这里，他们将看到中国天宫空间站如何在太空中展翅翱翔，感受到那份让世界震惊的中国力量；他们将了解到中国"天眼"是如何捕捉来自137亿光年以外的神秘电磁信号，揭示宇宙的无穷奥秘；他们还将领略到中国超级高速公路的壮阔，这条巨龙般的高速公路足以绕赤道4圈，见证了中国人民的智慧与勤劳。当然还有跑出了中国速度的高铁，这张闪亮的名片更是展示了中国精神；还有世界规模最大的5G网络，彰显了全球通信技术的领先地位。中国的科技力量，远远不止于此，未来的中国更是在探索和求知中奋进的科技中国，每一次科技的跃进，都是跨越时空的精神火炬，而每一个孩子都有责任成为未来科技领域的火炬手。

本书以孩子的视角出发，借助生动有趣的语言、图文并茂的形式，向广大的青少年展示一个真实、强大的中国。我们希望通过这本书，让青少年感受到科技的魅力，激发他们对科学的兴趣和对未来的憧憬。

科技强国，少年有责。少年强，则中国强。在这场波澜壮阔的科技盛宴中，愿孩子们借助此书走进科技的世界，更真切地感受到中国力量！未来，以青春之我，书写中国科技新篇章，共同构筑属于我们的星辰大海！

目录

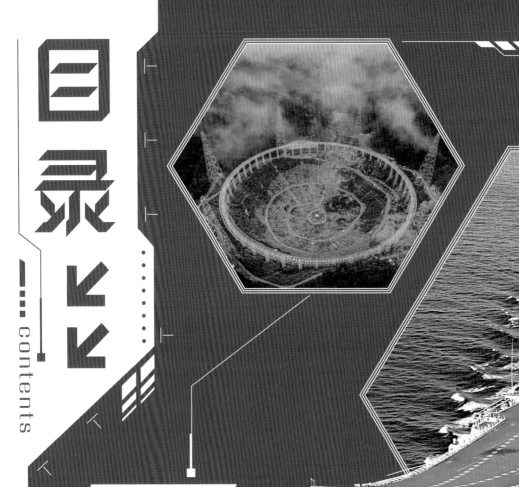

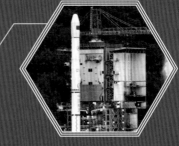

数读中国大科技

发射重量约 **23** 吨

中国第一个科学实验舱——问天实验舱于 2022 年 7 月 24 日在文昌航天发射场发射成功，发射重量约 23 吨，长达 17.9 米，舱体最大直径为 4.2 米，是目前世界上长度最长、直径最大的单体载人航天器。

口径为 **500** 米

500 米口径球面射电望远镜（FAST）是世界最大单口径射电望远镜，反射面有 30 个足球场大，能接收到 137 亿光年外的电磁信号。

质量约为 **5** 吨

"天问一号"火星探测器有着胖胖的身体，质量达 5 吨左右，是目前为止世界上质量最大的行星探测器。

全长为 **55** 千米

港珠澳大桥全长 5500 米，是世界最长的跨海大桥。海底隧道深埋部分长 5664 米，由 33 节钢筋混凝土结构的沉管对接而成，是世界上最长的海底沉管隧道。

地下约 **2400** 米

位于中国四川锦屏山地下 2400 米深处的中国锦屏地下实验室是目前世界岩石覆盖最深的地下实验室，是我国开展暗物质探测研究，以及进行天体物理、中微子实验等物理实验项目的理想场所。

下潜深度为 **7062** 米

2012 年，我国第一艘自行设计、自主集成研制的深海载人潜水器"蛟龙号"创造了深海下潜最深纪录 7062 米，一跃成为当时全世界同类型潜水器之最。

11 个可燃冰矿体

科研人员在我国南海北部陆坡的神狐海域圈定了 11 个可燃冰矿体，含矿区总面积约 22 平方千米，预测储量约 194 亿立方米。

实现 **1200** 千米地表量子态传输

中国首颗空间量子科学实验卫星"墨子号"，创纪录地使两个相距 1200 千米的地面站间实现了量子态远程传输工作。

时速 **600** 千米 / 小时

高速磁悬浮列车仿佛拥有"轻功"一样，运行速度达到每小时 600 千米，堪称地面上的飞机。

总数已将近 **10** 万座

截至 2021 年，中国水坝的总数已将近 10 万座，是全世界水坝数量最多的国家。

每秒 **9.3** 亿亿次

"神威·太湖之光"超级计算机有着"最强大脑"，它的运算速度为每秒 9.3 亿亿次，是世界最快的超级计算机。

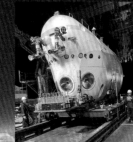

深度为 **10909** 米

"奋斗者号"作为中国最新一代全海深载人潜水器，于 2020 年 11 月 10 日在马里亚纳海沟成功坐底，深度为 10909 米。

玉兔去了"广寒宫" ▼ ▽ ▼

　　大家都听过嫦娥奔月的故事吧，故事中的月亮上有一座很漂亮的宫殿叫广寒宫，里面住着美丽的嫦娥仙子、日夜伐桂的吴刚和不停捣药的玉兔。我们可能不止一次想象过月亮上的生活。那里很冷吗？吴刚为什么要一直砍树？玉兔又为什么不停地捣药？2007年10月24日，中国天文学家们决定亲自去寻找答案，此次行动被命名为"嫦娥工程"。

探月工程三步走

◆ 2004 年中国探月工程立项。

"嫦娥二号"
2010 年 10 月
◆ 多目标探测。
◆ 700 万千米测控通信。

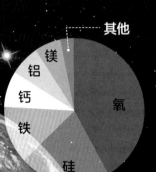

"嫦娥一号"
2007 年 10 月
◆ 绕月探测。
◆ 38 万千米测控通信。

"嫦娥三号"
2013 年 12 月
◆ "嫦娥三号"和"玉兔号"月球车登陆月球正面。
◆ 数亿千米深空测控网。

"嫦娥四号"
2018 年 12 月
◆ "嫦娥四号"着陆器和"玉兔二号"月球车成为第一个登陆月球背面的航天器。

"嫦娥五号"
2020 年 11 月
◆ "嫦娥五号"带着月壤和岩石的样品返回了地球。
◆ 全球覆盖深空测控网。

其他
镁
铝
钙
铁
硅
氧

月壤成分

GYFM003

月壤样品

"玉兔号"月球车

月壤快递，请签收

　　自美国从月球带回了约 382 千克月球样品的 50 多年后，我国"嫦娥五号"再次从月球采集了共 1731 克月壤和岩石样品。月壤是小天体和陨石撞击月球表面将岩石粉碎形成的，颗粒呈多边形，摩擦力大，脚踩上去之后更容易压实成形。月球上没有水、空气和微生物，月壤也不能种植庄稼。通过研究月壤，可以了解月球的地质演化历史，也可以为了解太阳活动等提供信息，科学研究价值无法估量。

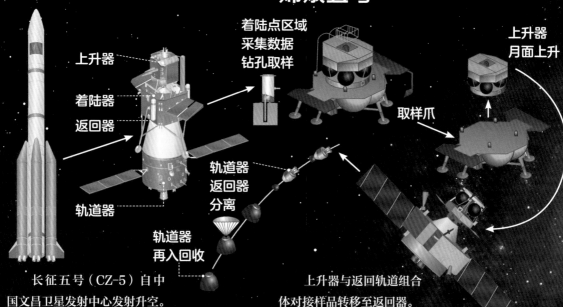

"嫦娥五号" 月面取样返回任务模拟示意图

上升器
着陆器
返回器
轨道器

长征五号（CZ-5）自中国文昌卫星发射中心发射升空。

着陆点区域采集数据钻孔取样

轨道器返回器分离

轨道器再入回收

上升器月面上升

取样爪

上升器与返回轨道组合体对接样品转移至返回器。

"嫦娥一号"

2007年10月在西昌卫星发射中心成功发射，是我国第一颗绕月人造卫星，2009年3月坠入月球丰富海。

"嫦娥四号"

2018年12月8日成功发射（2019年1月3日着陆），这是人类探测器第一次在月球背面软着陆。与"玉兔二号"一起完成互拍工作。

"嫦娥五号"

2020年11月发射成功。成功登月后，带着月球"土特产"回家，至此完成了我国探月工程三步走中的"回"。

"嫦娥二号"

2010年10月1日，"嫦娥二号"在西昌卫星发射中心启程。在探月计划中起承上启下作用，改变了到月球的路线，为"嫦娥三号"的登月先锋。

"嫦娥三号"

2013年12月2日，"嫦娥三号"成功发射。14日，"嫦娥三号"成功登月。作为家族第一个登月的成员，"玉兔号"月球车发现月球上没有水。

"嫦娥五号" 创造多个 "中国首次"

① 首次完成对地外天体的采样与封装。
② 首次完成地外天体的点火起飞、精确入轨。
③ 首次月球轨道无人交会对接和样品转移。
④ 首次携带月球样品以近第二宇宙速度高速返回。
⑤ 首次建立中国月球样品的存储、分析和研究系统。

"天问号"有个火星梦

火星一直以来都被称为地球的"姐妹星"，和地球有着许多相似之处。火星上是否有生命？它会是第二个适合人类居住的星球吗？这些问题一直牵动着我们的心。去火星"旅行"一直以来都是我们的梦想。2020年7月23日，我们的梦想终于实现了，通往火星的"一号列车"——"天问一号"出发了！

五问火星！

"祝融号"火星车与着陆器

气象测量仪
地形相机
多光谱相机
次表层探测雷达

火星上常常会刮起狂风，形成巨大的火星尘暴。

极地冰冠

太阳系最高峰奥林匹斯山

塔尔西斯山系由三座巨大的超级火山组成，曾喷发出巨量的熔岩。

第一问：火星为什么是红色的？

通过望远镜，我们看到火星在太阳照射下看起来就像个大火球，为什么呢？因为这颗红色星球表面上附着含有氧化铁成分的沙尘。在风的作用下，沙尘像大棉被般把火星紧紧包裹住了。氧化铁在阳光的照射下呈红色，所以火星也就是红色的啦。

"天问一号"

我国第一个火星探测器，重约5000千克，由环绕器、着陆器和巡视器组成。名字源于屈原的长诗《天问》，寓意追求科技创新永无止境。巡视器"祝融号"的名字则来自古代神话中的火神。

最大的峡谷，"水手号"峡谷是火星上长约4000千米。

第二问："天问一号"是什么？

2020 年 4 月 24 日，国家航天局宣布我国所有行星探测任务统一称为"天问系列"。而去往火星进行探测是我们行星探测任务的第一步，所以就被命名为"天问一号"啦。

着陆器和火星车组合体太空舱，"天问一号"火星车便藏在白色保护壳内。

星际追踪器

轨道器

太阳能板

高增益天线

燃料箱

姿态控制推进器

主引擎

长征五号遥四运载火箭

第三问："天问一号"如何拜访火星？

火星探测一般有四种方式：飞、绕、落、巡。"飞"相当于只是去火星打了个照面。"绕"即对火星来了个 360° 无死角环视。"落"就是降落火星地表进行观察。"巡"就是开出火星车进一步了解、探测。采用哪种方式探索火星跟航天技术有关，"天问一号"的高光之处在于它一次性完成了这四种探测方式。

第四问：探测火星的最佳时间？

探测火星需要等到地球和火星距离最近的时候。经科学家计算一周期为 26 个月。每隔 26 个月地球距离火星最近，也就是探测器前往火星的最佳时间，这个时间被称为窗口期。

长征五号遥四运载火箭升空，负责执行中国第一次自主火星探测任务。

第五问：为什么 2020 年被称为火星年？

2020 年被称为火星年，这一年美国的"毅力号"、阿联酋的"希望号"和我们的"天问一号"都扎堆去火星，因为 2020 年正好赶上火星探测的窗口期。错过后想要进行火星探测就要再等 26 个月。

"房子" 盖到了外太空 ▼▽▼

2020 年 5 月 5 日，长征五号 B 运载火箭首飞成功，标志着中国空间站建造大幕正式拉开。中国空间站又名天宫空间站，"天宫"建成后成为中国长期在轨稳定运行的国家太空实验室，可供 3 人长期驻留，半年轮换一次。看起来，我们的天宫空间站就像是盖在外太空的房子，还是一套三室两厅外带储藏间的房子呢，一起来认识一下吧。

③ 实验舱 II "梦天"

配置有货物专用气闸舱，在航天员和机械臂的辅助下，支持货物、载荷自动进出舱。

未来还会单独发射一个光学舱"巡天"，会配置最先进的巡天望远镜，负责天文观测和研究。与空间站共轨飞行，必要时也可对接。

实验舱 II "梦天"

天和核心舱

太阳能电池板提供能源

姓名：天宫空间站

造型：整体呈"T"字形

基础三舱：1 个核心舱（居中），2 个实验舱（接于两侧）

三舱总质量：60 多吨

三舱空间：110 立方米

运行高度：400 千米左右的近地轨道

轨道角度："斜着身子"绕地球，倾角在 42 度～43 度

在轨时间：预计在轨运行 10 年以上

最大直径 4.2 米

全长 16.6 米

应急逃生飞船

天舟货运飞船

⑤ 天舟货运飞船

是为中国空间站提供补给的货运飞船，由长征七号搭载升空，负责送货，满载货物质量约 13.5 吨。航天员到位后，多次出舱，在机械臂协助下，完成舱位移动、在轨安装、调试升级等工作，空间站终于成形。

① 天和核心舱

可支持 3 名航天员长期在轨驻留，整体长度比 5 层楼还要高，是中国目前研制的最大航天器。既是空间站的管理和控制中心，也是航天员生活的主要场所，还能支持开展少量的空间科学实验。

早在 1992 年，中国载人航天工程就提出了"三步走"发展战略。

第一步

发射载人飞船，建成初步配套的试验性载人飞船工程，开展空间应用实验。

第二步

突破航天员出舱活动技术、空间飞行器交会对接技术，发射空间实验室。

第三步

建造空间站，解决较大规模的长期有人照料的空间应用问题。天和核心舱的发射就属于第三步。

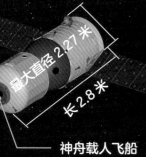

最大直径 2.27 米
长 2.8 米

神舟载人飞船
对接神舟载人飞船

④ 神舟载人飞船

"神舟"意为"神奇的天河之舟"，又是"神州"的谐音，还有神气、神采飞扬之意。神舟载人飞船采用三舱一段，由返回舱、轨道舱、推进舱和附加段构成。一端与返回舱相通，另一端对接核心舱。

1999 年 11 月 20 日，"神舟一号"宇宙飞船一飞冲天，"神舟"飞天从此传遍全球。截至 2023 年 10 月，"神舟十七号"成功升空，再次将中国三名航天员送入太空。

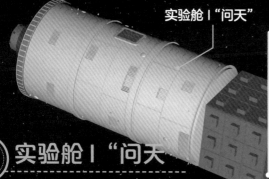

实验舱 I "问天"

② 实验舱 I "问天"

开展舱内和舱外空间科学实验和技术试验，也是航天员的生活工作场所和应急避难场地。

配备了航天员出舱活动专用气闸舱，支持航天员出舱进行太空行走。

配置了机械臂，可进行舱外荷载自动安装操作。

还有着核心舱部分关键平台功能。需要时也可执行对空间站的管理和控制。

火箭家族

◎ **长征二号 F**

搭载神舟飞船，负责载人。

◎ **长征五号 B**

先后发射天和核心舱、问天实验舱和梦天实验舱，进行空间站基本构型的在轨组装建造。

◎ **长征七号**

搭载天舟飞船，负责送货。

截至 2023 年 10 月，已有 3 批次、20 名航天员执行过载人航天任务。

中国"天眼"观深空

FAST 射电望远镜，被誉为中国"天眼"，是我国拥有自主知识产权，世界最大单口径、最灵敏的射电望远镜。它像望向深空的巨眼，又像是一口大锅。2016 年 9 月 25 日于贵州投入使用。FAST 射电望远镜的投入使用，正式开启了我国"睁眼看宇宙"的新征程。

FAST 时间轴

1994 年
我国天文学家南仁东（1945—2017）提出构想，历时 22 年建成。

2016 年 9 月 25 日
落成启用，进入调试期。

2020 年 1 月 11 日
通过国家验收，正式开放运行。

2021 年 3 月 31 日
正式向全世界开放，向全球科学家征集观测申请。

2022 年 6 月
发现首例持续活跃的快速射电暴（快速射电暴是宇宙中最明亮的射电爆发现象，在 1 毫秒内释放太阳约一年辐射出的能量），并将其定位于一个距离我们 30 亿光年的矮星系。

2022 年 7 月
发现脉冲星数量已超过 660 颗。

2024 年 4 月
截至目前，已发现 900 余颗脉冲星。

这口"大锅"背面，起到支撑作用的是一个用钢索结成的"大网兜"状的支撑结构，反射面板装在三角形的网眼上。

深山里的一口"大锅"

中国"天眼"到底是什么，很多人只用一个字形容它，那就是"大"，甚至有人戏称，它就是贵州深山里的一口"大锅"。从外观上来看，它确实形似一口大锅，其直径有 500 米，中间呈凹陷状，反射面的面积有 30 个足球场那么大，由 4000 多块三角形反射面拼装起来。

灵敏的宇宙信号接收器

在"天眼"的上空，悬挂着一个可移动的"小盒子"——馈源舱，这个馈源舱就相当于"天眼"的瞳孔。来自宇宙的微弱信号来到"锅"内，通过馈源舱被汇聚、收集起来。馈源舱实际上有 30 吨重，由 6 条钢索吊起来，可以根据需要变动位置，使自己随时处在抛物面的焦点上。

作为世界上最大也是最灵敏的巨型射电望远镜，中国"天眼"的灵敏度是此前"世界最大"的阿雷西博望远镜的 2.5 倍以上，其综合性能也提高了 10 倍，以它的灵敏度，即便有人在月亮上拨打手机，也能够被"看见"。

脉冲星是大质量恒星死亡后的残骸，是研究宇宙极端环境中物理规律的理想实验室。

聆听宇宙的声音

当然，一口"大锅"只是戏称，中国"天眼"的作用可不简单，主要用来观测脉冲星、暗物质、黑洞等，甚至可以接收到 137 亿光年以外的宇宙信号。中国"天眼"大大拓展了人类的视野，这也是我国第一次在射电望远镜领域占据巨大优势，已被列入中国九大科技基础设施之一。

脉冲星模拟图

宇宙中充满了看不见的暗物质。

黑洞

脉冲星也被称为宇宙灯塔，其本质是中子星，具有在地面实验室无法实现的极端物理环境，是理想的天体物理实验室，可以得到许多重大物理学问题的答案。研究脉冲星，是人类了解宇宙的一个重要途径。

中国"天眼"结构示意图

500 米

30 个

4000 多块

50 年航天路

4月24日，我国的第一颗人造地球卫星"东方红一号"闪亮登场。

从1970年我国第一颗人造地球卫星进入太空开始，我国便开启了探索宇宙的旅程。之后的50余年间，我国航天人面向浩瀚星辰，勇敢前行，为我们开创了辉煌的航天业绩，让我们一睹精彩的航天时刻。

2008 年

9月25日至28日，"神舟七号"载人飞船成功发射，我国航天员翟志刚完成首次出舱活动。

2007 年

10月24日，我国开启了"嫦娥奔月"计划。第一颗绕月人造卫星"嫦娥一号"正式开启探月工程。

2011 年

9月29日，我国第一个目标飞行器和空间实验室"天宫一号"成功发射，配合宇宙飞船进行交会对接试验。它是未来正式空间站的前身，此刻它正处于试验阶段。

2013 年

9月25日，我国首个集卫星和火箭的功能于一身的"星箭一体"的固体小型运载火箭"快舟一号"成功升空。

12月2日，"嫦娥三号"绕月探测卫星发射成功。

2022 年

我国自主设计、建造的太空实验室"天宫空间站"正式建成。

2021 年

6月17日，"神舟十二号"载人飞船成功发射。

10月16日，翟志刚、王亚平、叶光富3名航天员搭载着"神舟十三号"进入太空。

航天之路未完待续 ，，，

1984 年

4月8日，"长征三号"运载火箭将我国第一颗静止轨道实验通信卫星"东方红二号"送往太空。

1999 年

11月20日，酒泉卫星发射中心迎来了"神舟家族"的第一位客人。我国的第一艘无人试验飞船"神舟一号"在此一飞冲天。

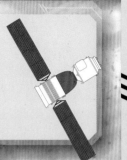

2005 年

10月12日，"神舟六号"载人飞船发射升空，首次完成"多人多天"飞行任务。

2008 年

10月15日至16日，作为我国的第一艘载人飞船，"神舟五号"和它的搭档航天员杨利伟圆满完成了在轨任务。我国成为世界第三个拥有载人航天技术的国家。

2015 年

12月29日，我国的第一颗地球同步轨道高分辨率对地观测遥感卫星"高分四号"成功发射。卫星绕地球运行一圈的时间和地球自转一圈的时间是相同的。

2016 年

4月6日，我国第一颗微重力返回式科学实验卫星"实践十号"成功发射。

2020 年

6月23日，"北斗三号"全球卫星导航系统部署全面完成。

7月23日，"天问一号"火星探测器成功发射。

2018 年

12月8日，"嫦娥四号"成功发射，并于2019年1月3日实现了人类探测器第一次在月球的背面着陆。"嫦娥四号"创造了探月奇迹。

北斗为我护航

北斗卫星导航系统是一款完全由我国自主设计、研发的卫星导航系统，是我国投放在太空中的"超级星系"，与美国的GPS、俄罗斯的格洛纳斯、欧盟的伽利略并称为全球四大卫星导航系统。

军事

北斗提供精确信息，使武器更精准。

闪耀的"超级星系"

北斗卫星导航系统是一个超级强大的"卫星星系"，它由 59 颗卫星构成，是我国科技工作者前赴后继奋斗了 20 年打造出的"国之重器"。北斗的服务对象不仅是中国人，它更致力于成为凝聚中国人的智慧与力量，为全人类提供更优质服务的北斗。

食品、养殖安全

水果种植、畜牧养殖等也开始利用北斗终端进行溯源管理、全过程监控，保证食品安全。

中国"北斗"之路

中国的北斗之路历经了三个阶段：

北斗 1 号：2000 年 10 月 31 日起至 2007 年 2 月 3 日，先后发射了 4 颗北斗导航试验卫星。

北斗 2 号：2007 年 4 月 14 日起至 2016 年 6 月 12 日，先后发射了 14 颗组网卫星和 6 颗备份卫星、试验卫星。

北斗 3 号：2017 年 11 月 5 日起至 2020 年 6 月 23 日，先后发射了 30 颗组网卫星和 5 颗试验卫星。

神话故事中常有"天上一日，人间一年"的说法，时间真的会膨胀吗？答案是当然不会。那我们如何获取精准的时间，航天员在太空的时间又是如何与地面保持同步的呢？答案就在北斗系统的心脏"星载铷原子钟"上，它是北斗发挥精准定位、授时等功能时不可缺少的部件。它利用了原子的振动原理，当振动频率越稳定时，原子钟的精确度就越高，我们便越能获得"精准时间"。

无名的"幕后英雄"

当我们在手机上发出定位指令后，太空中至少会有四颗卫星从不同的角度发出信号，信号的发射时间与手机端的接收时间之间就会形成一个时间差，利用"时间差 × 光速"再经过修正，我们就能得出具体的位置坐标。虽然我们只是拿出手机，在各种 App 上轻轻一点，但北斗系统却在背后进行了大量运算，像无名的"幕后英雄"一样默默地为我们提供服务。

北斗系统为全球用户提供全天候、全天时、高精度的定位，是帅气的"细高个"，具有短报文通信功能、有源定位和星间链路技术等突破性特色。

城市建设

已为各种行业应用提供北斗精准服务，有效推动智慧城市基础设施的优化和完善。

天气预报

利用短报文通信方式，可将采集的气象信息自动回传到数据处理中心，使天气预报更准确。

交通运输

北斗也为更多车辆的安全行驶保驾护航，如共享车辆介入高精度时空定位服务，电子地图约车软件更精准，为出行提供便利。

浪漫的"带刀护卫"

北斗像"带刀护卫"一般时刻俯瞰地球，它也有自家的独门绝学。令北斗独树一帜的绝招就是短报文功能。北斗的短报文功能类似手机的短信功能。不同的是，手机之间互相发送信息，是 A 机输入信息后通过基站（信号塔）中转再送往 B 机终端，而北斗的短报文功能则是通过卫星中转再送往对方终端。因此，在许多没有网络信号覆盖的极端环境中，北斗的短报文功能便是通信的最优选择。

更有意思的是，星间链路技术的诞生实现了短报文全球化。从之前的"一对一私聊"发展成了如今的"卫星群聊"，仿佛一盘散沙找到了组织，卫星们通过星间链路共享信息、定位，做到传输一体化，解决了无法全球覆盖地面站的难题。

空中的"飞行巨人" ▼ ▽ ▼

2023年5月28日，我们的国产大飞机"C919"迎来舞台首秀，完成了全球首次商业载客飞行。它一飞冲天后在万米高空画出了一道优美的弧线，天空中终于有了属于中国人的大型喷气式客机。C919和"空客（Airbus）""波音（Boeing）"一起成功组建成了"ABC联盟"。

标准航程为4075千米，最大航程为5555千米，最大飞行高度为12131米，经济寿命达9万飞行小时。

气流流向 → 传统机翼

超临界机翼

自主设计的超临界机翼可减少5%的飞行阻力，节省燃料，提高经济性。

C919客机属中短途商用机，单通道，两边各三座，其基本型布局为168座。

B-001F

小小的名字，大大的寓意

国产大飞机为什么会被命名为C919呢？这可是蕴藏了很多寓意呢！首先"C"是中国英文China的首字母，寓意"中国制造"；第一个数字"9"则有天长地久之意；最后的"19"则表示中国首款中型客机最大载客量为190人。

其中铝锂合金和先进复合材料用量分别达到8.8%和12%，比西方同类飞机减重5%～10%。

最大、最复杂的关键锻件全部实现国产化。

可爱的"胖九"

C919 可是飞机圈里炙手可热的当红明星，人们还给它起了一个亲切的小名——"胖九"。"胖九"可不是白叫的，C919 全长 38.9 米，翼展为 35.8 米，高 11.95 米，空机重量 45.7 吨。如果把它竖起来，相当于十几层楼那么高呢，这个身材在飞机界可算是微胖了，因此叫"胖九"可谓实至名归。

"胖九"大体由三种颜色构成，白色的机身上好像穿了一件蓝色的马甲，而它的尾巴则是青草绿色。

过水门是什么

消防车停在飞机道两侧，同时向高处喷水，形成一道拱门式的水幕，飞机落地后从这片水幕下缓缓穿过，这就是过水门。这是国际民航的高级礼仪，有"接风洗尘"的寓意，同时也是对载誉归来的一种庆祝。

C919 是中国首款按照最新国际适航标准制造，具有自主知识产权的干线民用飞机。

驾驶系统采用了全时全权限电传操纵系统主动控制技术。

C919 大事记

2007 年 2 月
C919 项目立项。

2009 年 1 月
中国商飞公司正式发布首个单通道常规布局大型客机机型代号"COMAC C919"，简称"C919"。

2015 年 11 月
C919 首架机在浦东基地正式总装下线。

2017 年 5 月
C919 在上海浦东机场成功完成首飞任务。

2021 年 3 月
全球首架 C919 飞机交付中国东方航空。

2022 年 12 月
C919 全球首单正式落地。

2023 年 5 月
C919 商业航班首飞。

国产大飞机 C919 有哪些技术亮点？

亮点一
首次自主设计超临界机翼达到世界先进水平。

亮点二
先进材料首次在国产民机大规模应用。

亮点三
C919 装配先进的机载系统和发动机。

东风家族显神威

中国火箭军和中国战略导弹部队在我国强军实践的路上积蓄着中国力量。自从 1960 年我国第一枚国产近程导弹"东风一号"发射成功，如今我们已经形成了陆海空全方位的反舰弹道导弹打击体系，"东风家族"不断壮大，已成为维护国家安全的重要基石。

奇趣小知识

◎ **声速**

声音的传播速度，在空气中通常情况下为 340 米 / 秒，即 1 马赫。

◎ **超声速**

超过声速的速度，在 1.3 ~ 5 马赫之间。

◎ **高超声速**

超过声速 5 倍的速度，即 5 马赫以上。

东风 -17 常规导弹部队

东风家族成员

姓名：东风 -17

亮相时间：2019 年阅兵仪式

速度：10 马赫以上

类型：高超声速导弹

了不起的东风家族

东风系列导弹是我国真正意义上的国产弹道导弹，种类型号繁多，已成为我国国防事业的国之重器。东风浩荡，雷霆万钧，"东风家族"肩负着守卫和平的重任，其射程可以覆盖全球。

什么是导弹？

导弹是一种可以飞行的武器。当确定目标后，它就会死死咬住目标，并摧毁目标。在它的弹头处，如果携带的是核弹头，那它就是核导弹；如果不是核弹头，就是常规导弹。

导引系统 >>>>>>>>>	控制系统 >>	发动机装置 >>	弹体 >>>>>>	战斗部
位于导弹的前部，充当导弹的大脑、眼睛、耳朵，寻找目标，并在进行分析后做出指令。	导引系统的执行者。	导弹的心脏，负责输送"血液"让导弹飞行。	导弹的血管和肌肉，负责把所有部件连接在一起。	导弹的武器仓库。

导弹装备通常由导引系统、控制系统、发动机装置、弹体和战斗部组成。

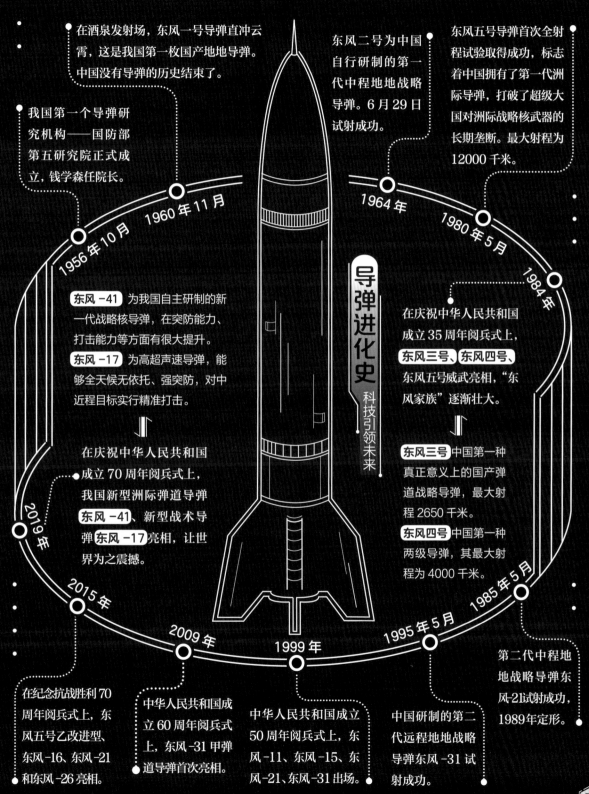

在酒泉发射场，东风一号导弹直冲云霄，这是我国第一枚国产地地导弹。中国没有导弹的历史结束了。

东风二号为中国自行研制的第一代中程地地战略导弹。6月29日试射成功。

东风五号导弹首次全射程试验取得成功，标志着中国拥有了第一代洲际导弹，打破了超级大国对洲际战略核武器的长期垄断。最大射程为12000千米。

我国第一个导弹研究机构——国防部第五研究院正式成立，钱学森任院长。

导弹进化史
科技引领未来

东风-41 为我国自主研制的新一代战略核导弹，在突防能力、打击能力等方面有很大提升。

东风-17 为高超声速导弹，能够全天候无依托、强突防，对中近程目标实行精准打击。

在庆祝中华人民共和国成立35周年阅兵式上，东风三号、东风四号、东风五号威武亮相，"东风家族"逐渐壮大。

东风三号 中国第一种真正意义上的国产弹道战略导弹，最大射程2650千米。

东风四号 中国第一种两级导弹，其最大射程为4000千米。

在庆祝中华人民共和国成立70周年阅兵式上，我国新型洲际弹道导弹东风-41、新型战术导弹东风-17亮相，让世界为之震撼。

1956年10月　1960年11月　1964年　1980年5月　1984年

2019年　2015年　2009年　1999年　1995年5月　1985年5月

在纪念抗战胜利70周年阅兵式上，东风五号乙改进型、东风-16、东风-21和东风-26亮相。

中华人民共和国成立60周年阅兵式上，东风-31甲弹道导弹首次亮相。

中华人民共和国成立50周年阅兵式上，东风-11、东风-15、东风-21、东风-31出场。

中国研制的第二代远程地地战略导弹东风-31试射成功。

第二代中程地地战略导弹东风-21试射成功，1989年定形。

海上亮"舰"

▼ ▽ ▼

茫茫大海上，航空母舰的"江湖地位"绝对是"航母一出，谁与争锋"！航空母舰，简称"航母"，是现在海军装备中体积、吨位最大的一种军舰。简单来说，它的"真身"就是专门为军用飞机提供起飞、降落、维修空间的"海上飞机场"。

"海上霸主"航空母舰

航空母舰是航行在大海上面的"海上飞机场"。舰载战斗机在航母的飞行甲板上起飞来搜索、打击敌人，完成任务后再降落在着陆区。以舰载战斗机为武器的航母攻击威力大，机动性好，防护力强，是海军最强大的军舰。

辽宁舰

歼-15作为中国自行研制的首型舰载多用途国产战机，具有完全自主知识产权。

起飞甲板——起飞区域

山东舰

山东舰甲板面积约有3个足球场大小，利于舰载机调度，可搭载36架歼-15舰载歼击机。

舰体前部的甲板才是飞机起飞的地方。

福建舰

福建舰在我国各种先进科技成果加持下，作战实力已经跻身世界一流。

航母家族亮相

中国人民解放军海军辽宁舰

简称	舷号	舰长	舰宽
辽宁舰	16	304.5米	75米

标准排水量： 5.7万吨

满载排水量： 6.75万吨

背景： 中国第一艘航空母舰，由苏联的"瓦良格号"改造而成。2012年11月23日，歼-15舰载机成功在此完成起飞降落。

现代喷气式舰载机体积、重量大，速度快，在航母上起降需借助弹射器和拦阻装置，升降区域错开互不干扰，提高效率，避免事故发生。

舰岛

斜角甲板——降落区域

停机坪

航空母舰的分类

航母按照标准排水量分成小型、中型和大型。小型航母标准排水量3万吨以下；中型航母标准排水量3万~6万吨；大型航母标准排水量6万吨以上。按动力装置可分成核动力航母和常规动力航母两种。

航母上的"彩虹军团"

航母上的工作人员数以千计，如何快速区分出他们呢？答案就是：颜色。让我们认识一下这支"彩虹军团"吧。在辽宁舰上，穿黄色马甲的人负责指挥，其衣服上通常写着"调运"或"起飞"字样。穿棕色马甲的人负责给飞机"治病"，其背后写着"维护"二字。另外还有负责弹药的"红色马甲"及负责加油的"紫色马甲"等。

2012年9月，航母辽宁舰的服役，结束了我国海军没有航空母舰的历史。

山东舰于2019年12月正式服役。体积庞大，有20层楼那么高，舱室众多，船上不仅有超市，还有洗衣房、健身房，甚至还有邮局，如同一座小型城市。

中国人民解放军海军山东舰

简称 山东舰

舷号 17

舰长 315米

舰宽 75米

舱室： 3000余间

满载排水量： 超过6万吨

背景： 中国第一艘完全自主研发制造的国产常规动力航母。山东舰的诞生标志着我国正式开启"双舰合璧"时代。

中国人民解放军海军福建舰

简称 福建舰

舷号 18

舰长 320米

舰宽 78米

满载排水量： 8万余吨

背景： 2022年6月，我国完全自主设计建造的首艘弹射型航空母舰福建舰下水，这是我国海军发展的一个新突破。

乘着"蛟龙"游深海

海洋约占地球表面积的70.8%，为陆地面积的2.4倍。对我们来说，浩瀚的海底世界就像一个充满了诱惑和神秘感的神奇宝盒。而我国第一艘载人潜水器"蛟龙号"就像是替人类打开了这个神奇宝盒的手，为我们揭开了一个更为神奇的世界。

"蛟龙号"拥有先进的水声通信系统，可以将数据信息高速传送到几千米远的母船上。

移动式海底办公室

载人潜水器就像一个可以在海底办公的"移动式办公室"，潜航员就在这里办公。不过这间办公室很小，直径只有2.1米，3名工作人员就坐在这里为我们探索海底世界。"蛟龙号"载人潜水器全长8.2米、高3.4米、宽3米。白胖的身体有一顶橙色的"帽子"和一条橙色的"尾巴"，有人称它为"迷你版大鲨鱼"。

"蛟龙号"的母船

潜水器不具备自行行驶能力，需要依靠母船运载、布放，二者之间可随时联系。母船还能在现场进行数据、样品分析等工作。"蛟龙号"有两任"妈妈"，"向阳红09号"和"深海一号"。

乘风破浪的"蛟龙号"

"蛟龙号"可连续水下作业12小时，其母船就像妈妈一样在水上守护着它。"蛟龙号"有着水声通信系统，可随时与母船联系。2012年6月27日，"蛟龙号"在西太平洋马里亚纳海沟以7062米的深潜深度创造了新的世界纪录，从此全球99%以上的海域将向它敞开大门。

"蛟龙号"战绩纪录榜

战绩一	战绩二	战绩三
2010年5月31日—7月18日，创造水下3759米下潜纪录。	2011年7月28日，挑战最大下潜深度5188米成功。	2012年6月27日11点47分，以7026米成功刷新下潜纪录。

"蛟龙号"下潜和上浮

"蛟龙号"每次下海工作时都会带上两组压载铁。等到了一定深度时就会卸掉一组压载铁，达到悬停的状态；等需要上浮时，再将另一组压载铁卸下，当重力小于浮力，"蛟龙号"就能轻松地浮上来了。

载人耐压舱

内直径2.1米，可以容纳一名潜航员和两名科学家。

外壳

"蛟龙号"的外壳由先进的复合材料制作而成，既轻便又拥有很强的抗压能力和抗腐蚀性，能够将"蛟龙号"里的设备和工作人员很好地保护起来。

观测窗

推进器

机械手

这两只机械手用来帮助"蛟龙号"拿取物体、采集样本。

压载铁

在"蛟龙号"的下方，有两组压载铁，"蛟龙号"靠其重量下潜。

"蛟龙号"在海中转向的秘密

"蛟龙号"的身上一共有7个推进器：头上负责左右转向，身体前部左右两侧负责前进、后退、上浮以及下沉，尾部用来帮助前进和后退。在推进器的帮助下，"蛟龙号"才能在海中轻松地改变方向。

黑暗的"龙宫"日常

海底是一片黑色的世界。"蛟龙号"有自动定向、定高、定深、定位的看家本事，这让它在海底畅通无阻。"蛟龙号"前部有两个灵活的机械手，负责下海"采购"并装进车筐一样的采样篮中。"蛟龙号"的采样篮能装220千克的东西。"蛟龙号"虽然灵敏，但仍会遇到很多危险，比如最致命的敌人——海洋垃圾。如果缠上了缆绳等垃圾无法挣脱，它就会壮士断腕，抛弃机械手。如果有更危险的情况发生，它会马上给母船"打电话"，寻求帮助。

深入海底的勇士

"CR-01" 6000 米水下机器人

1997 年 6 月，"CR-01" 6000 米水下机器人试验成功，可在水下 6000 米进行探索，它是我国成功发射的第一颗"返回式海底卫星"，标志着我国自制水下机器人水平跨入世界领先行列。

>>>>>

"海翼号"

可用来监测海洋环境、预防灾害等，分为 300 米级、1000 米级和 7000 米级等。外形很像小型飞机，其尾巴后有根长长的传输数据的天线。2017 年在西太平洋马里亚纳海沟，最深下潜 6329 米，"海翼号"完成大深度下潜任务并安全回收，夺得水下滑翔机"深潜第一"桂冠。

>>>>>

"探索一号"科考船

4500 米载人潜水器及万米深潜科考的母船。2016 年 6 月 22 日首次亮相万米深海后"一战成名"。2023 年 3 月 11 日，携手"奋斗者号"载人潜水器完成首次国际环大洋洲载人深潜科考任务。

>>>>>

同类潜水器大比拼

1973 年 美国"阿尔文号"载人潜水器，下潜深度为 4511 米，是目前下潜次数最多的载人潜水器。

1985 年 法国"鹦鹉螺号"潜水器，下潜最大深度为 6000 米。

"深海勇士号"

2016 年，在我国第二代载人潜水器"深海勇士号"尚未下水的情况下，万米级载人潜水器开始同步研制。2022 年 10 月 25 日，"探索二号"科考船搭载着"深海勇士号"载人潜水器返回海南三亚，完成了大深度原位科学实验站在海底的布设试验，"深海勇士号"完成第 500 次下潜。

<<<<<

"奋斗者号"

万米级载人潜水器。2020 年 11 月 10 日，中国"奋斗者号"载人潜水器在马里亚纳海沟成功坐底，创下了我国载人深潜的最佳纪录 10909 米。2022 年 10 月 6 日它与母船"探索一号"从三亚出发，历时 157 天，联手国际科研单位圆满完成环大洋洲载人深潜科考任务。

<<<<<

"海斗一号"

万米级无人潜水器，我国第一台国产全海深自主遥控水下机器人。2016 年，在马里亚纳海域的一次科考中创下了 10767 米的无人潜水器最大下潜深度纪录，标志着我国成为继日本、美国后第三个拥有研制万米级无人潜水器能力的国家。

<<<<<

1987 年　俄罗斯是目前拥有载人潜水器最多的国家，"和平号"潜水器最大下潜深度 6000 米。

1989 年　日本的"深海 6500"潜水器下潜深度为 6500 米，最高纪录为 6527 米。

中国海上"黑科技"

▼ ▽ ▼

中国海域面积广阔，同时，海港经济日益发展，港口通商日渐完善，可以说中国正走在海上强国的复兴之路上，这其中，层出不穷的海上"黑科技"立下了赫赫战功，港口桥吊正在日夜不停地装卸集装箱，海上风车的巨大叶片也正在源源不断地供应电能，让我们一睹为快吧。

洋山深水港四期的那些"黑科技"

洋山深水港虽然位于浙江省舟山市，但在港口业务方面归上海市管辖，属于上海港的一部分。是全球最大的智慧集装箱码头。它的四期工程更是被打造成了不见人影的"魔法码头"。

黑科技二：无人驾驶 AGV 小车

拥有智慧大脑的 AGV 小车，只要给其下达命令，它就能按照指令轻松行驶。除了可实现无人驾驶外，还可以自动躲避障碍物、优化路线。但这都不算什么，它最大特点是只要"吃饱了饭"就可以连续工作 8 个小时，完全不觉得累呢。是不是很厉害！

AGV（自动导引运输车）在洋山深水港四期工程码头运行。

黑科技三：TOS 系统和 ECS 系统

现在作为大轴出场的就是其背后的强大系统！没错，没有系统的精心布局，码头就不会像现在一样井井有条。它们是码头的智能生产管理控制系统，也就是码头的大脑。整个码头都是它们在指挥呢。

黑科技一：桥吊

桥吊负责装卸集装箱作业，从前需要操作人员挤在狭小的操作室里手工操作，现在操作人员只需要舒舒服服坐在监控室内远程操作就可以啦。很多人都说现在的桥吊就像一个大型抓娃机，是不是很贴切呢？

风电叶片

齿轮传动装置

控制器

供电流通
过的电线

发电机

制动器

偏航驱动器

立杆

海上风能发电"黑科技"

　　你或许见过茫茫戈壁上一排排错落有致的"大风车"，那你见过"海上大风车"吗？这些像哨兵一样矗立在大海上的风车是做什么的？可以说，它们和我们的生活之间有着千丝万缕的联系。

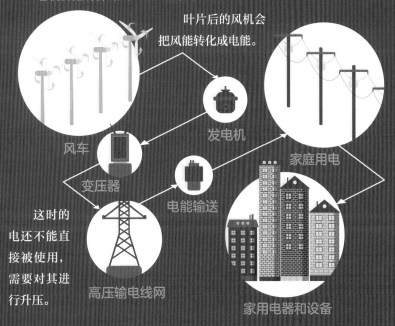

　　"大风车"的叶片完成了发电的第一步，当海风吹动它时，它就会把所有的风"吃"进肚子里去。

　　叶片后的风机会把风能转化成电能。

风车

变压器

发电机

电能输送

高压输电线网

家庭用电

家用电器和设备

这时的电还不能直接被使用，需要对其进行升压。

　　随着地球环境问题变得日益严重，全球温度变暖，冰川融化，很多动植物的生存环境面临巨大的挑战。如何保护地球、保护珍稀动植物等问题就成了全人类的课题。"清洁能源"的新发现也令世人为之一振。海上风能发电就是清洁能源的一种。

　　海底电缆能把虚弱的电输送到升压站进行变身，变身后的电就能接入电网了，这时再通过海底电缆把电送到岸上，风能发电的过程就完成了。

铁轨上的中国速度

从北京到天津的第一趟城际列车缓缓驶出月台，从哈尔滨到大连的第一条高寒地区高铁的霸气现身，再从全球第一条环岛高铁、第一条沙漠高铁、第一条跨海高铁等的粉墨登场，从0.9万千米到4.2万千米的飞跃，中国速度在这一组组数据中被不断刷新。

四纵四横升级为八纵八横

北京到天津的第一趟城际列车正式投入运营后，我国便谋划了建设"四纵四横"的高铁线路的蓝图。这一计划完成后，又提出了以沿海、京沪等"八纵"和陆桥、沿江等"八横"为主的"八纵八横"的远大计划。建成的高铁线路纵横交织，令人振奋。

像子弹头的车头，有效减少空气阻力。

截至2022年底，全国高铁营业总里程增长到**4.2万**千米，位居世界第一。

我国是目前世界上唯一实现高铁时速**350**千米的国家。

无砟轨道，与普通货车的有砟轨道相比更安全。

一小时生活圈，半小时交通圈

高铁的修建提高了出行效率，也带动了经济发展，有效打造"一小时生活圈"或"半小时交通圈"。如福厦高铁会穿过福州、莆田、泉州、厦门，最后抵达漳州，全长277.42千米。福州到厦门将形成"一小时生活圈"，厦门、漳州、泉州三地则会形成"半小时交通圈"。

世界首条湿陷性黄土地区的高铁

郑州东至西安北的郑西高铁是世界上第一条建在湿陷性黄土地区的高铁，全线八成地段处于湿陷性黄土地区。湿陷性黄土地区的土壤环境极其特殊，遇水后结构就会发生改变，遇水就会变软、脱水就会变硬。经过夜以继日的讨论、试验，设计和施工人员最终创造了湿陷性黄土地区高速铁路黄土地基沉降控制法，解决了世界难题。

青藏铁路是世界上海拔最高、在冻土上建造路程最长的高原铁路，入选"**全球百年工程**"。

行驶时车头与车厢的动力系统相互配合，动力十足。

"一带一路"
上的中国制造

世界首条热带滨海地区高铁

海南环岛高铁全程 653 千米，是我国也是世界第一条建在热带滨海地区的高铁。技术难点在于需要克服高盐、高腐蚀、高温、强台风等技术性难题。海南环岛高铁开通以后，大大缩短了海口至三亚的时间，一个半小时即可抵达。

高铁建在高架桥上可有效控制铁轨走向，减少用地面积，受地形影响较小。

印尼雅万高铁
雅万高铁是连接印尼首都雅加达和第四大城市万隆之间的一段高速铁路。全长 142.3 千米，2018 年 6 月 9 日开工建设。2023 年 9 月 7 日，雅万高铁开通运营。

德黑兰至马什哈德高铁改造
从伊朗的首都德黑兰到马什哈德，现有的火车运行时间为 12 小时，电气化改造项目竣工后可缩为 6 小时。

安伊高铁
安伊高铁是从土耳其首都安卡拉出发前往最大城市伊斯坦布尔的一段高速铁路，全长 533 千米。2014 年 7 月全线建成通车，这是中国在海外建成的第一条高铁。

中国大桥，世界之最

有人说，世界桥梁建设的发展，20 世纪 70 年代以前看欧美，90 年代看日本，21 世纪则要看中国。经济的腾飞，科技的进步，使得我们伟大祖国的发展速度惊艳世界，一项又一项基础设施建设都在日新月异中稳步开拓。而中国大桥的建设更是屡创奇迹，让我们一睹风采吧。

世界最长的桥

2011 年正式开通运营的中国丹昆特大桥是目前世界上最长的桥梁，位于中国京沪高铁南段的江苏省境内，处在长江南岸。大桥本身也是京沪高铁建设中难度最大、投资最多的重点控制性工程。

全长约 164.85 千米，雇用 1 万人、耗时 4 年建成。

世界最高的大桥

北盘江第一桥跨越云贵两省交界的北盘江大峡谷，由云贵两省合作共建。2016 年 12 月 29 日全线开通，全长 1341.4 米，桥面到谷底垂直高度 565 米，相当于 200 层楼高，是世界最高的大桥。

世界最长的跨海大桥

港珠澳大桥是一座整体造型呈"Y"字形的跨海大桥，2018 年 10 月正式通车。集桥梁、人工岛、隧道为一体，是目前世界最长的跨海大桥。它如"海上长龙"一般盘踞在伶仃洋上，将香港、珠海、澳门三个地区串联了起来。

桥长 55 千米，花 15 年时间建成，有世界最长的海底沉管隧道，长 6.7 千米。

第一座山区特大悬索桥

四渡河大桥位于湖北宜昌和恩施的交界处，是上海到重庆高速公路在湖北省内的一部分，于 2004 年 8 月 20 日开工，2009 年 11 月 15 日正式通车，为双向四车道。它横跨四渡河，连接着两侧的悬崖峭壁，是中国国内第一座在山区修建的特大悬索桥。

全长 1365 米、主跨 900 米，桥面距谷底的高度为 560 米。

考虑到山体陡峭、四渡河河水汹涌等原因，桥梁设计师采用了悬索桥工艺——整座大桥没有桥墩承重，而是利用索塔和锚固于两端的钢筋将桥吊在水面上。还首创了"大跨度悬索桥先导索火箭抛送技术"——用火箭抛送先导索过峡谷，首次将军工技术和造桥工艺相结合。

第一座双层铁路、公路两用桥

钱塘江大桥由中国著名桥梁建筑专家茅以升、罗英主持设计，是中国自行建造的第一座现代化铁路、公路两用桥，位于杭州市区南部，横跨钱塘江两岸，是连接浙赣、沪杭铁路，并把华东公路干线串联起来的主要桥梁。

这里是喀斯特地貌区，沿江 10 千米的山体石灰岩密布，山体硬度极差，为躲避遍布山体的溶洞和裂隙，设计人员不断将桥的位置往高处移，最终将桥面定在这个高度。

跨江过海的中国大桥

世界第一座六线铁路大桥：南京大胜关长江大桥

"建桥禁区"上的公铁桥：平潭海峡公铁大桥

世界最大跨径的石拱桥：丹河大桥

世界首座高铁悬索桥：五峰山长江大桥

可绕赤道 4 圈的中国路

自 1988 年我国的第一条全线通车的成品高速公路——沪嘉高速通车以来，30 多年间，我国以超凡的建造能力不断累加高速公路里程数额。截至 2022 年底，我国高速公路里程的总额已经达到 17.7 万千米，可绕赤道 4 圈有余，成为当之无愧的世界第一！

最长的高速公路

连霍高速是我国最长的高速公路。全长 4395 千米。它从江苏省的滨海城市连云港出发，经平原、过盆地、穿高原、踏沙漠，横跨 6 省区向西延伸到新疆维吾尔自治区的霍尔果斯市，一路仿佛上演现代版"西游记"。

最短的高速公路

成都机场高速公路全长 11.98 千米。起自成都武侯区火车南站，终至成都双流国际机场。其落成替代了此前我国最短高速公路保持者——13.15 千米长的天北高速公路，成为新一任"短小精干的高速霸主"。

海拔最高的高速公路

那拉高速公路是西藏那曲通往首府拉萨的一段高速公路，全长 295 千米，位于平均海拔 4500 米以上的高原地区，是我国也是全世界海拔最高的高速公路。

最具**挑战**的高速公路

川藏高速公路的修建犹如攀登珠穆朗玛峰一样充满挑战。这条高速公路从拉萨铺向成都，北线全长 2412 千米，一路穿过 21 座 4000 多米高的高原雪山，跨越 14 条大江大河。人们行驶在这条路上，除了会有高原反应外，还可能遇上泥石流等灾害。

最**忙**的高速公路

广深高速公路全长 122.8 千米，是广州、深圳、东莞三座城市之间的重要通道。据广东省交通运输厅统计，广深高速公路的日平均通车量在 65 万辆次以上（2021 年）。这一数据使它成为我国最繁忙的高速公路。

最**长**的沙漠高速公路

京新高速公路从北京出发，一路向西，终抵新疆乌鲁木齐。全长 2768 千米，横跨河北、内蒙古自治区和甘肃等地。其中内蒙古自治区内的临河一白疙瘩段，全长 930 千米，穿越了包括乌兰布和、巴丹吉林和腾格里在内的三大沙漠，使京新高速公路成为最长的沙漠高速公路。

跨省区最**多**的高速公路

长深高速公路北起吉林长春，终抵广东深圳，全长 3585 千米。途经内蒙古自治区、辽宁、河北、天津、江苏等共 9 省 1 直辖市 1 自治区，所经轨迹形成了一个大大的"S"形。

神奇的5G时代

"5G"指的是第五代移动通信技术，"G"是 Generation 的缩写。从 1G 到 5G，我们经历了漫长的岁月。几十年前，1G 只能满足手持"大哥大"打电话的需求，现在的 5G 却已经发展成为能满足人们上天入地等各种需求的技术手段了，体现了我国高超的科技发展水平，更给我们的日常生活提供了便利。

电磁波——无形的信号

了解 5G 技术之前，要先了解一个概念：电磁波。我们之所以可以远距离打电话，就是靠电磁波在空气中传播信号。但电磁波的传播距离有限，中间需要搭建一座"中转站"，也就是连接手机之间通话的信号塔，也叫基站。当两人想要通话时，A 手机发出的电磁波会通过基站转给 B 手机，B 手机接到信号后，实现通话可能性。但是，有时通话不顺畅，这是电磁波的传播受到制约的缘故。

1G 至 5G 数据传输速度对比

影响电磁波传播的因素

这些影响电磁波传播的因素，正是一代一代通信技术需要解决的问题。

建筑物遮挡

天气原因

多人集聚同时通信

距离、方向

强大的波束赋形

无论通话还是上网都要依靠电磁波传播无线信号再由基站中转来实现。如果所处地离基站很远怎么办？"波束赋形"的 5G 技术很好地解决了这一问题。假设把基站的无线信号比喻成萤火虫，散开的萤火虫虽然照射面积更大，但亮度不够。如果把所有萤火虫聚在一起，是不是就更亮了？所以波束赋形就是一种把所有电磁波聚在一起有针对性地将信号传送到手机上以增强信号的技术。

5G 信号有了新高度

2020 年 4 月 30 日，世界第一高峰珠穆朗玛峰通 5G 信号了！向全球证明了我们的科技实力，也为珠峰的地质研究、环境监测等提供了保障。2020 年底，在 5G 技术等强辅助下，测出珠峰最新高度 8848.86 米。

1G 至 5G 技术功能应用对比

1G	2G	3G	4G	5G
音频	文字	图片	高清视频	无人驾驶
		视频	物联网	远程医疗
			VR/AR	智慧城市

5G 比 4G 更优秀

如果把 1G 时代的通信技术水平比喻成婴儿爬行，那么 2G 时代是成人走路，3G 是坐上了汽车，4G 是坐上了火车，5G 就是坐上了高铁。那么，和 4G 相比，5G 究竟有哪些优势呢？

根据**工信部**最新发布的数据显示，截至 2023 年 7 月底，我国已累计建成 5G 基站 305.5 万个，位居世界第一。

速度快

- 5G 依靠波束赋形技术，同时扩宽频段，传播速度更快。
- 5G 网络的理论传输速度是 4G 的 100 倍。
- 如果 4G 是 2 车道，那么 5G 就是 8 车道。

延迟短

- 5G 网络有着低至 1 毫秒的延迟，使得终端机更加智能。
- 可广泛应用于远程医疗、自动驾驶等智能科技领域。

容量更大

- 5G 网络可容纳数十倍于 4G 的信号。
- 5G 基站数目不断增加，智慧城市、智能交通得以在 5G 技术支持下实现。

"雪龙"南极大冒险

"雪龙号"

船长
167
米

船宽
22.6
米

"雪龙号"和"雪龙2号"是我国的极地考察船、极地破冰船，有着世界最先进的机舱自动化控制系统和表面海水采集分析系统。它们像两兄弟般在极地地区纵横驰骋，运送物资、辅助科考等，为我国科考工作保驾护航。

去南极考察什么？

南极有着丰富且未被开发的矿产资源，目前这里还属于"无主之城"。因此，迅速在南极占领一席之地是全世界各个国家的梦想。去南极考察的工作人员正在努力实现梦想，无论是海洋探索还是南极考察，我们一直在做的，都是在寻求更多的可利用资源，更好地为我们服务。

考察人员在南极住哪儿？

1985年2月，我国在南极建造了第一座"海景房"——长城站。这里就是我们的考察人员在南极考察期间工作和生活的地方，也叫科考站。中国在南极建了5个科考站，长城站、中山站、昆仑站、泰山站，还有正在建设中的秦岭站。

续航力
19000
海里

满载排水量
21025
吨

>>>>

雪龙双胞胎

"雪龙号"和"雪龙2号"是一对长得很像的兄弟，它们的外形都是以红色、白色为主，只不过"雪龙2号"的体形看上去要小一些。但别看它长得小，破冰能力可是比哥哥"雪龙号"厉害多了。它的看家本领就是拥有双向破冰的能力。

"雪龙2号"
是我国第一艘国产
极地科考破冰船。

/// 破冰力
能以 1.5 节航速连续冲破 1.2 米厚的冰。

/// 背景
由乌克兰赫尔松船厂建造的破冰船改造而成，是全球最大的非核动力破冰船。

什么是双向破冰
一般的破冰船只有船首可以破冰，而"雪龙2号"具备了船首、船尾都可以破冰的能力。如果遇到危险，船首被卡住了无法行动，船尾可以做船头，及时撤离危险区。

"双龙出海"上演南游记

2019年10月15日，我国进行了第36次南极考察，也是"雪龙2号"和哥哥"雪龙号"第一次一起出差，老练的哥哥带着第一次执行任务的"雪龙2号"一起扬帆出海，奔向南极，这一趟出差之旅中弟弟可谓出尽了风头。

"雪龙2号"一马当先为哥哥开路。正所谓"兄弟齐心，其利断金"，朝气蓬勃的"雪龙2号"弥补了"雪龙号"载货能力强但破冰能力稍弱的劣势，兄弟二人完美配合，首次"双龙探极"便一鸣惊人。

"雪龙号"　　"雪龙2号"

雪龙2号

船长：122.5 米

船宽：22.32 米

满载排水量：13990 吨

续航力：20000 海里

破冰力：可以双向破冰，能以 2～3 节航速连续冲破 1.5 米厚的冰（含 0.2 米厚的雪）

向北极进发

自 1999 年至今，我国已经开展了十多次北极探险之旅。每一次探险之旅既充满了未知的挑战又令人心生向往。下面让我们一起回顾一下这神奇的旅程吧。

1999 年

7月1日—9月9日，"雪龙号"首次亮相北极。带领中国科考队员们在 71 天内行驶 14180 海里。首次确认了"气候北极"的地理范围，也首次发现了北极上空的逆温层。

◎ 在冰天雪地的极地王国进行科学考察，要小心提防"熊出没"。

◎ 科学家们会使用一些高科技手段，如**无人机**和**红外设备**感应周围是否有北极熊的踪迹，避免和北极熊"正面会晤"。

正在破冰的"雪龙 2 号"

◎ 大海上的冰块流动以及 7 月份的**阴霾天气**等也会给科考工作人员**带来阻碍**，影响极地的科考工作。

◎ 北极一年中会有半年的**极昼**和半年的**极夜**现象。因此，科考时间是受限的。

◎ 有些专家通过布放**探空气球**，分析北极的**天气**变化和**环境**之间的关系。

◎ 研究北极的天气变化，对我国的**气候、环境以及海洋生物**等各领域都有提示性的作用。

7月2日—9月29日，共计93天，行驶 33000 海里，创下了历次探极航程最长的纪录。也是"雪龙号"第一次访问冰岛。

2012 年

7月11日—9月23日，"雪龙号"第六次扬帆起航，共计76天，行驶11057海里。首次在极地海域进行了近海底磁力测量，布放海冰浮标。

2014 年

7月11日—9月26日，"雪龙号"再出发！此次行程共计78 天，行驶 13000 海里。科考队员进行了第一次直升机极地救援演练。

2016 年

2003 年
7月15日—9月26日，"雪龙号"再次起航，共计74天，行驶了14000多海里。这次北极之旅还邀请了美国、芬兰、加拿大、日本、韩国和俄罗斯等国的科考人员。

2008 年
7月11日—9月24日，"雪龙号"第三次扬帆，共计75天，行驶了13271海里。这次水下机器人"北极ARV"首次参加科考任务。

2010 年
7月1日—9月23日，"雪龙号"第四次起航。刷新了探访北冰洋高纬度的纪录，并创下了考察人数最多的纪录，共122人。

正在进行实验的科考人员

中国北极科考站

中国有中国北极黄河站和中－冰北极科考站。中国北极黄河站位于挪威斯匹次卑尔根群岛的新奥尔松岛，成立于2004年7月28日。中－冰北极科考站位于冰岛北部凯尔赫村，由中国和冰岛联合成立于2018年10月18日。

科考之路仍在继续 ▶▶▶

2018 年
7月20日—9月26日，共计69天，行驶12500海里。中国的第九次北极科学考察实现了成功布放"无人冰站"的傲人成绩，从此冰站监测进入无人时代。

2020 年
7月15日—9月28日，共计76天，行驶12000海里。"雪龙2号"首次帮助科考人员完成中国的第十一次北极考察。

2021 年
7月12日—9月28日，共计79天，行驶14000海里。"雪龙2号"第二次参与探极任务。"探索4500"自主水下机器人首次完成北极科考任务。